易小点数学成长记
The Adventure of Mathematics

酒桶上的符号

童心布马 / 著
猫先生 / 绘

2

北京日报出版社

图书在版编目（CIP）数据

易小点数学成长记．酒桶上的符号 / 童心布马著；猫先生绘．－－
北京：北京日报出版社，2022.2（2024.3 重印）
ISBN 978-7-5477-4140-5

Ⅰ．①易… Ⅱ．①童…②猫… Ⅲ．①数学－少儿读物 Ⅳ．① 01-49

中国版本图书馆 CIP 数据核字 (2021) 第 235502 号

易小点数学成长记　酒桶上的符号

出版发行：北京日报出版社
地　　址：北京市东城区东单三条 8-16 号东方广场东配楼四层
邮　　编：100005
电　　话：发行部：（010）65255876
　　　　　总编室：（010）65252135
印　　刷：鸿博昊天科技有限公司
经　　销：各地新华书店
版　　次：2022 年 2 月第 1 版
　　　　　2024 年 3 月第 7 次印刷
开　　本：710 毫米 ×960 毫米　1/16
总 印 张：25
总 字 数：360 千字
总 定 价：220.00 元（全 10 册）

目录

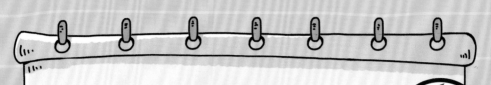

你们刚刚说的话里有好多乘法口诀哦。

我们自己都没注意呢。

乘法口诀出现在生活的各个方面，中国古代就有关于乘法口诀的游戏了。

咱们快去玩游戏吧！

铺地锦游戏现场

试试系统升级的换装功能。

中国明朝

我不想穿"连衣裙"。

想玩游戏就忍耐一下吧。

17

大家回到仓库。

没想到，唐伯虎他们居然能把除法隐藏在对联里。

当然了，要不怎么能称为才子。

博士，除法和上次的乘法有什么不同呢？

除法是乘法的逆运算。

把总数平均分成若干份，求每份是多少；或者把总数按照每份是多少进行平均分，求分成多少份。

终于算出来有多少本书了！

好重！

我收到了一个来自战国时期的信息，要不要去看看？

想把马分清楚，就要先找到 $\frac{1}{2}$、$\frac{1}{3}$ 和 $\frac{1}{9}$ 的最大公约数，也就是 2、3、9 的公倍数。

$$\frac{1}{2} = \frac{1 \times 9}{2 \times 9} = \frac{9}{18}$$
$$\frac{1}{3} = \frac{1 \times 6}{3 \times 6} = \frac{6}{18}$$
$$\frac{1}{9} = \frac{1 \times 2}{9 \times 2} = \frac{2}{18}$$

高斯博士的小黑板

加 法：将两个或两个以上的数、量合起来，变成一个数、量的运算。

加法运算中各部分之间的关系：和 = 加数 + 加数
　　　　　　　　　　　　　　加数 = 和 - 另一个加数

减 法：已知两个数的和与其中一个加数，求另一个加数的运算。

减法运算中各部分之间的关系：差 = 被减数 - 减数
　　　　　　　　　　　　　　减数 = 被减数 - 差
　　　　　　　　　　　　　　被减数 = 减数 + 差

乘 法：求几个相同加数的和的简便运算。

乘法运算中各部分之间的关系：积 = 因数 × 因数
　　　　　　　　　　　　　　因数 = 积 ÷ 另一个因数

除 法：已知两个因数的积与其中一个因数，求另一个因数的运算。

除法运算中各部分之间的关系：商 = 被除数 ÷ 除数
　　　　　　　　　　　　　　除数 = 被除数 ÷ 商
　　　　　　　　　　　　　　被除数 = 商 × 除数

高斯博士的小黑板

加法的运算性质

加法交换律：两个数相加，交换加数的位置，和不变。

$$a + b = b + a$$

加法结合率：三个数相加，先把前两个数相加，或者先把后两个数相加，和不变。

$$(a + b) + c = a + (b + c)$$

减法的运算性质

从一个数里连续减去几个数，等于从这个数里减去这几个数的和。

$$a - b - c - d = a - (b + c + d)$$

从一个数里减去两个数的差，等于从这个数里减去差里的被减数，再加上差里的减数。

$$a - (b - c) = a - b + c$$

乘法的运算性质

乘法交换律：两个数相乘，交换两个因数的位置，积不变。

$$a \times b = b \times a$$

乘法结合律：三个数相乘，先乘前两个数，或者先乘后两个数，再与第三个数相乘，积不变。

$$(a \times b) \times c = a \times (b \times c)$$

乘法分配律：两个数的和与另一个数相乘，与这两个数分别与另一个数相乘后再相加，结果不变。

$$(a + b) \times c = a \times c + b \times c$$

除法的运算性质

一个数连续除以几个数，等于这个数除以这几个数相乘的积。

$$a \div b \div c \div d = a \div (b \times c \times d)$$

一个数除以两个数的商，等于用这个数除以商里的被除数，再乘商里的除数。

$$a \div (b \div c) = a \div b \times c$$

被除数和除数同时乘以或除以相同的数（0 除外），商不变。

$$a \div b = c$$
$$(a \times d) \div (b \times d) = c$$
$$(a \div d) \div (b \div d) = c$$
$$d \neq 0$$

身不是正数。

负数：比0小的数叫作负数。负数与正数表示意义相反的量。负数前用负号"－"表示。

奇数：指不能被2整除的整数。奇数可以分为正奇数和负奇数。

偶数：指能够被2整除的整数。偶数分为正偶数和负偶数，正偶数也称双数。

有理数：是整数（正整数、0、负整数）和分数的统称。

无理数：也称为无限不循环小数，不能写作两个整数之比。

因数与倍数：整数a除以整数b...

以计量事物的件数...序的数。又叫作非...

整数、零、负整数的...不包括小数、分数。

大的数叫作正数，0本...

有理数：是整数（正整数、0、负整数）和分数的统称。无理数：也称为无限不循环小数，不能写作两个整数之比。因数与倍数：整数a除以整数b(b≠0)，除得的商正好是整数而没有余数，我们就说b是a的因数，a是b的...

偶数：指能够被2整除的整数。偶数分为正偶数和负偶数，正偶数也称双数。

奇数：指不能被2整除的整数。奇数可以分为正奇数和负奇数。

负数：比0小的数叫作负数，负数与正数表示意义相反的量。

正数：比0大的数叫作正数，0本身不是正数。

自然数：计量事物或物件的个数或次序的数。又叫作非...负整数、零、正整数的集合，整数不包括小...

★易小点日报★

知识点

★认识数　　★运算
★图形与测算　★特殊测算
★统计与概率　★基础应用
★典型应用

单位换算

1千米=1000米

1米=10分米

1分米=10厘米

1厘米=10毫米

1元=10角

1角=10分

跟着易小点，
数学每天进步一点点

数与数字关系　运算与速算　图形与测算　图形与测算　特殊测算

统计与概率　基础应用　典型应用　典型应用　典型应用

★出　品：童心布马
★策　划：张　剑
★责任编辑：张志新
★助理编辑：曹　云
★美术编辑：阳春面
★封面设计：张　婧

上架建议：儿童读物

ISBN 978-7-5477-4140-5

9 787547 741405 >

北京日报出版社

童心布马
微信公众号

总定价：220.00元（全10册）

猫先生